PRÉFACE.

Séjournant à Rome pour quelque temps, avant de me rendre dans la Haute-Italie dont je me propose d'étudier l'agriculture, j'eus l'occasion de visiter le monastère des Trois-Fontaines. Je fus frappé des résultats acquis en si peu d'années par les Trappistes et j'admirai sincèrement l'aspect riant de leurs cultures et surtout l'état splendide de leurs plantations d'Eucalyptus. J'appris, peu après, que, malgré cet état florissant, on niait que cet arbre pût s'acclimater ailleurs et on donnait de cette opinion des raisons qui me semblèrent fausses. Je vis là un sujet d'étude, et, désireux d'occuper mes jours de loisir par un travail utile, je me mis au courant des choses. Les pages qui suivent sont le résultat de mes consciencieuses recherches et l'opinion exacte que je me forme de la culture de l'Eucalyptus. Ce m'est un devoir et un honneur de déclarer que mon travail a été facilité par l'infatigable bienveillance de Mr Miraglia,

CULTURE

DE

L'EUCALYPTUS

A ST-PAUL-TROIS-FONTAINES

(PRÈS ROME)

RAPPORTS

DE

MM. A. VALLÉE ET E. MEAUME

LANDERNEAU,
IMPRIMERIE DE P. B. DESMOULINS
1882

CULTURE

DE

L'EUCALYPTUS

AUX TROIS-FONTAINES

(Près Rome)

PAR

AUG^TE VALLÉE

INGÉNIEUR AGRICOLE
MEMBRE DE LA SOCIÉTÉ DES AGRICULTEURS DE FRANCE,
DE LA SOCIÉTÉ D'AGRICULTURE D'INDRE-ET-LOIRE, etc.

Deuxième Edition.

LANDERNEAU,
IMPRIMERIE DE P. B. DESMOULINS

1882

Directeur de l'Agriculture, qui m'a donné toutes les indications et tous les renseignements dont j'ai pu avoir besoin. J'ai trouvé encore une aimable complaisance dans l'excellent Père Gildas, Trappiste, qui, aux Trois-Fontaines, s'occupe spécialement des semis et plantations d'Eucalyptus.

Qu'il me soit permis d'exprimer ici à l'un et à l'autre ma vive reconnaissance.

Rome, avril 1879.

AUGUSTE VALLÉE.

CULTURE DE L'EUCALYPTUS

aux TROIS-FONTAINES (près Rome).

Qu'appelle-t-on les Trois-Fontaines?

Ce qu'étaient les Trois-Fontaines en 1868.

But des Trappistes.

Il n'entre pas dans mon plan de faire une description minutieuse de l'Abbaye des Trois-Fontaines.

J'en veux dire un mot seulement, afin de donner un modeste cadre au sujet que je traiterai ici, sujet, je le reconnais, trop vaste et trop important pour ma plume, mais, que ma plume, néanmoins, souhaite au moins effleurer dans un but d'utilité publique.

La tradition rapporte que Saint-Paul subit le martyre à l'endroit même où s'élève l'une des églises du monastère. Or, dit la tradition, lorsque la tête du Saint fut détachée du tronc, elle rebondit trois fois, et, chaque fois, touchant le sol, en fit jaillir trois sources d'eau vive : de là ce nom « *Tre Fontane.* »

Trois églises sont contenues dans l'enceinte de l'abbaye. La plus grande celle de St Vincent et

St Anastase, est une basilique romane construite par Honorius Ier au neuvième siècle, restaurée en 1221 et maintenant encore en restauration. A droite, la seconde église, de forme octogone, doit son nom, de Sainte-Marie Scala-Cœli, à une vision de St Bernard, auquel Innocent III avait confié ce couvent. Elle date de la fin du seizième siècle. Enfin, la dernière église, St Paul aux Trois-Fontaines, renferme ces fontaines elles-mêmes (1599).

Je ne dirai rien, soit des mosaïques, soit des peintures, soit des souvenirs pieux que renferment ces édifices. Ce sujet est suffisamment traité dans les ouvrages qui ont pour but de guider le voyageur en Italie.

En sortant de Rome par la porte St Paul, il faut faire presque cinq kilomètres pour arriver à l'abbaye, qu'on trouve tranquille, fraiche et riante en pleine campagne romaine. A gauche, avant d'entrer dans l'intérieur même du monastère, l'œil se réjouit dans la verdure de prairies bien aménagées et produisant déjà une herbe de bonne qualité. Au bout de ces prairies, formant le fond de gracieux petits vallons, s'élèvent des collines couvertes de fertiles vignobles et de riants bosquets d'eucalyptus.

A droite, la vue est de suite bornée par une nature extrêmement tourmentée, présentant une succession non-interrompue d'étroits vallons et de monticules dont les entrailles sont profondément fouillées par les extracteurs de pouzzolane.

Avant 1868, époque à laquelle les Trappistes en prirent possession, ce monastère, très-ancien quant à sa fondation, était abandonné depuis longtemps. Il est facile de concevoir la cause de cet abandon. Situé au milieu d'un pays où la terrible *mal'aria* faisait de cruels désastres et semait la mort, les Romains l'avaient nommé « *le Tombeau.* » Surnom trop justifié, hélas ! qui avait fait déserter cette terre maudite qui eût dû faire vivre ses enfants et qui les tuait !

Et voilà qu'un jour pourtant des religieux français de l'ordre des Trappistes vinrent dresser là leur tente. Ils n'ignoraient pas les trouées faites sans cesse par la *mal'aria* dans la population de l'Agro Romano, et ils venaient eux-mêmes s'y exposer, non comme des hommes stupidement braves, non inconsciemment, mais ayant au cœur le courage et la volonté que donne un noble but à atteindre.

Noble but, en effet, et que pouvaient remplir, mieux que tous autres, ces hommes sans attache dans la vie, qui ont abandonné leur patrie, leur famille, qui ont fait une fois pour toutes le sacrifice de leur existence, ces hommes forts et énergiques qui vont où le devoir les appelle sans se retourner jamais.

Noble but, car il ne s'agissait de rien moins que d'assainir cette région désolée, de faire de cette terre marâtre une bonne mère, et cela par d'actifs travaux d'amélioration et surtout par la culture d'une plante providentielle qui venait seulement d'apparaitre sous nos climats : *l'Eucalyptus.*

Lors des premières années d'installation, la fièvre ne respecta pas ces utiles et modestes existences, elle les trouva sans peine au milieu de leur généreux labeur et fit de nombreuses victimes. Mais, le découragement ne vint pas : la fièvre eut beau faire rage, frapper et tuer sans pitié : plus les Trappistes la virent de près, plus ils souhaitèrent la vaincre et plus aussi ils se sentirent forts pour lutter contre elle. Un ennemi inconnu effraye plus que le mal qu'on voit en face !

Leurs efforts, leur énergie, leurs travaux ont été grandement récompensés déjà, quoique le dernier mot ne soit pas dit. La fièvre a constamment diminué sous le toit des travailleurs, et si elle apparait encore quelquefois furtivement, ils ont des armes pour la chasser et comme elle ne se sent pas la plus forte, elle doit céder.

Examinons donc maintenant en détail les moyens mis en œuvre pour amener ce résultat.

Culture de l'Eucalyptus.

L'Eucalyptus est un arbre originaire d'Australie et appartenant à la famille des Myrtacées, dont il forme un genre comptant plus de 150 variétés. Son feuillage est varié comme les espèces, mais il présente cependant presque toujours un aspect métallique. Les feuilles sont en général étroites et à pétiole court et tordu. Il y a pourtant des variétés dont les feuilles sont en forme d'ovales allongés, et d'autres dont les feuilles sont presque rondes. Chez l'E. Globulus, la feuille change complètement de forme ; dans son jeune âge, elle est très-large à sa base et à peu près moitié plus longue que large ; en vieillissant, elle est très-longue et fulciforme. Du reste, quelle que soit la variété, le feuillage est peu touffu et se laisse, par conséquent, facilement pénétrer par les rayons du soleil.

On a essayé la culture de beaucoup de variétés aux Trois-Fontaines, mais il n'y a eu réussite complète que pour les suivantes : E. Globulus, E. Résinifera, E. Rostrata, Red gum, E. Urnigera, E. Téritricornis, E. Coccifera, E. Viminalis, E. Melliodora, Gunii, Stuartiana.

Et encore, ces Eucalyptus ne se plaisent-ils pas tous dans les mêmes terrains ; ainsi, dans les terrains humides on a remarqué qu'il était de beaucoup préférable d'employer les variétés suivantes seulement : E. Viminalis, E. Urnigera, E. Rostrata, E. Tériticornis.

Dans les terrains secs, au contraire, on ne plante que ce petit nombre de variétés : E. Résinifera, E. Melliodora, E. Sideroxylon.

Quant au Globulus, sa vigueur fait qu'il se plait dans à peu près toutes les natures du sol.

Voici la plante : étudions maintenant un peu le sol qui doit la recevoir.

Du sol et du sous-sol.

Aux Trois-Fontaines, comme dans presque toutes les parties élevées de l'Agro Romano, le sol est d'origine volcanique. L'épaisseur de la terre arable est très-variable, sans cependant avoir jamais beaucoup moins ou beaucoup plus de 20 à 40 centimètres. La composition de cette couche varie selon les différentes positions qu'elle occupe. Ainsi, la terre qu'on trouve au sommet des côteaux contient évidemment beaucoup moins d'humus que celle du milieu du côteau, et à plus forte raison que celle du fond de la vallée.

Les espèces de terre qui dominent aux Trois-Fontaines sont celles-ci : La terre argileuse, la terre argilo-sableuse, et la terre d'alluvion contenant argile et silice, et renfermant beaucoup plus de matières organiques que les autres.

Ce sol possède certainement un suffisant degré

de fertilité pour qu'on en puisse tenter la culture. Malheureusement, le sous-sol est d'une nature qui ne permet pas l'introduction des plantes arbustives, ni de tout autre végétal à racines pivotantes. Ce sous-sol est complètement imperméable ; il est composé d'une espèce de tuffeau lithoïde appelé par les gens du pays Cappellaccio, ou chapeau de la pouzzolane. Cette seconde couche a une épaisseur très-variable ; j'ai pu constater, dans les différentes carrières de pouzzolane ouvertes à la porte du monastère, que cette épaisseur est de 0m50 à 2 et 3 mètres. Puis, vient la *pouzzolane* proprement dite, ou sable volcanique, variant de couleur selon la position qu'elle occupe : grise immédiatement sous le Cappellaccio et sur une épaisseur de 0m50 à 1 et 2 mètres; rouge ensuite jusqu'à une très-grande profondeur. C'est cette dernière pouzzolane qui, mêlée à une certaine proportion de chaux, constitue un ciment d'une grande dureté. On n'emploie pas, du reste, d'autre sable dans les constructions de Rome et de la campagne romaine.

Il a donc fallu aux Trois-Fontaines remédier à cet état de choses. Les instruments aratoires ne pouvaient rien contre le sous-sol; que faire? Il était cependant impossible d'établir une plantation d'arbres sur un sol de trente centimètres de profondeur; c'eût été certainement un travail sans avenir et un but manqué.

C'est alors que les Trappistes eurent l'heureuse idée d'employer une force puissante et toute nouvelle : la dynamite.

Pratique du défoncement par la dynamite.

Pour faire les trous de mine, les Trappistes usèrent d'abord du seul moyen alors connu. Ce moyen consistait en une tige de fer terminée par une mèche en acier qu'on faisait fonctionner à force de bras et de coups de maillets.

Mais ils reconnurent bien vite la nécessité de rechercher un moyen et plus expéditif et moins pénible. C'est alors qu'un des Pères de la Trappe imagina une perforatrice à main que les frères Conscience, mécaniciens à Rome, furent chargés de construire. Voyons la disposition de cette machine et comment elle opère :

La désagrégation du tuffeau s'opère au moyen d'une tarière de forme spéciale à laquelle on communique un mouvement de rotation de 3 à 4 tours à la seconde. Cette tarière est fixée dans un manchon placé à l'extrémité inférieure d'un axe en fer sur lequel existe une rainure dans le sens de la longueur. Deux engrenages coniques, placés verticalement et recevant le mouvement par deux manivelles, transmettent ce mouvement à un troisième engrenage horizontal portant à son axe une clavette fixe. Ce dernier engrenage reçoit dans son trou central l'axe porte-tarière qui y est fixé au moyen de la clavette. Il est évident que de cette façon l'engrenage fait participer l'arbre porte-tarière à son mouvement de rotation. Cependant, on ne reste pas moins libre de faire monter ou descendre cet arbre à volonté. Pour ce double mouvement, il existe deux crémaillères assemblées aux deux extrémités par des goujons à vis et commandées par deux engrenages, lesquels sont supportés par un arbre horizontal avec volant et manivelle. Tout le système est protégé par une boite en tôle. Le tout est fixé sur deux supports boulonnés sur un bois de base portant des pivots à bascule. Ce mode d'ajustement permet d'avoir toujours l'horizontalité de la machine.

Un solide châssis en bois, muni de quatre pieds et de traverses, supporte tout l'appareil. A l'extrémité de chaque traverse on a disposé une vis d'appel pour obvier à l'inégalité du terrain où l'on installe le perforateur. Voici, maintenant, la manière de s'en servir.

Le mouvement étant donné aux engrenages, la pointe de la tarière déchire la roche et, par suite du poids de son axe et des crémaillères, elle s'enfonce automatiquement dans le sol. Aussitôt qu'on sent augmenter la résistance sous la manivelle, il faut faire agir les deux pignons qui engrènent avec les crémaillères. Alors, la tarière retirée brusquement entraîne en dehors du trou les débris arrachés à la roche. On fait ensuite redescendre la tarière, sans jamais arrêter les manivelles, jusqu'à ce que le trou soit arrivé à la profondeur voulue (0 m 80 à 1 m 20). La durée de la perforation d'un mètre est en moyenne de 5 à 6 minutes. Il est certain que cette machine, tant à cause de son faible prix qu'à cause de sa simplicité, rencontrera la faveur de tous ceux qui ont besoin d'employer la dynamite dans le tuf ou autres roches. L'économie de temps est surtout bien frappante, puisqu'en 6 minutes cette machine fait un travail que le plus habile mineur ne ferait pas avec beaucoup de peine en moins de 20 à 25 minutes.

J'ajoute que les résultats obtenus par la dynamite ont été excellents. Le sous-sol a été profondément brisé et le mélange du sol et de ce sous-sol constitue une terre de bonne qualité, possédant surtout des propriétés physiques très-favorables à la culture. Cette opération permit aussi aux Trappistes d'élever le niveau des vallons en y faisant descendre la terre du haut des collines. Ce travail a, sans doute, été long et dispendieux, mais les résultats sont venus leur donner raison.

C'est donc ce terrain ainsi préparé qui doit recevoir la plante; mais, avant ce moment, il faudra semer la graine en pépinière et attendre quelques mois avant de mettre le jeune plant en pleine terre. Ce sont les diverses opérations dont nous allons nous occuper.

Semis et Plantation.

Les Trappistes font leurs semis d'Eucalyptus dans des pots ou des caisses remplies de terreau préparé avec quelque soin. Ce terreau n'est autre chose, du reste, qu'un mélange de terre des champs et de terre de jardin, auquel on ajoute une petite proportion de fumier complètement décomposé ; le tout bien malaxé, et passé au crible est alors déposé dans les récipients. On trace à la surface de ces champs en caisse des rayons à peine sensibles et distants les uns des autres de six centimètres, puis on dépose au fond la graine, qui, étant très-fine, est recouverte d'une couche de terre extrêmement faible. On peut faire les semis en Février, Mars et en automne.

Pour conserver une fraîcheur indispensable, on couvre alors les caisses d'un paillasson ou d'une simple planche jusqu'à la germination qui arrive ordinairement au bout de quelques jours. C'est à cette époque que commence la sollicitude particulière dont on aura besoin d'entourer la jeune plante pendant plusieurs mois.

Il s'agit alors d'empêcher surtout l'envahissement des mauvaises herbes, de prévenir une trop grande sécheresse de la terre, d'éviter que la chaleur n'arrive trop forte sur la plante et de la défendre des atteintes du vent.

Quand la plante a déjà quelques centimètres de hauteur, environ 0 m 10 cent., on la transplante dans des pots à fleurs de 0 m 20 de diamètre à leur partie supérieure, sur 0 m 20 de profondeur, dans lesquels les jeunes sujets restent jusqu'au moment où ils seront mis en pleine terre ; on les transplante aussi dans des caisses oblongues de 20 centimètres de profondeur sur 70 centimètres de longueur : on peut y mettre 40 plants. Il faut que ces caisses soient transportables pour suivre les planteurs. Deux hommes les manient facilement. Ce mode est préférable et plus économique, surtout pour les grandes plantations en pleine campagne. On se fait suivre d'un tonneau d'eau pour arroser chaque plant à mesure qu'on plante. En été il faut renouveler l'arrosement toutes les semaines, la première année.

L'époque où cette mise en demeure a lieu est le printemps. On préfère cette saison, aux Trois-Fontaines, parce que la jeune plante a plus de temps pour se fortifier contre les rigueurs de l'hiver, on peut cependant planter en septembre et octobre, alors les pluies d'automne dispensent ordinairement de l'arrosement.

Lors donc qu'on doit planter l'Eucalyptus à cette saison, on fait le semis à l'automne précédent, de telle sorte que les plants ont de six à huit mois quand on les met en pleine terre.

La pratique de la plantation est très-simple ;

on fait d'abord de longues fosses de 80 cent. de profondeur, sur autant de largeur, puis on y rejette la terre qu'on en a extraite. Sur cette terre meuble, on creuse des trous de 25 cent. environ de profondeur et d'un diamètre égal. On y dépose le plant, pris d'un pot à fleurs ou mieux d'une petite caisse avec le plus de terre possible autour de la racine, ayant soin de tenir ce plant un peu plus bas que le sol, afin de laisser une sorte de cuvette propre à retenir l'eau lorsqu'on arrose, ou lorsqu'il pleut. L'année suivante on remplit le vide à la hauteur du sol.

Aux Trois-Fontaines, on plantait d'abord les arbres à un mètre en tous sens les uns des autres; mais l'année suivante on était obligé d'en arracher à peu près la moitié, car, après cette première année de végétation, les arbres se touchaient et se gênaient déjà. De sorte que, maintenant, on laisse entre chaque arbre, au moment de la plantation, une distance d'environ 2 mètres.

Voici donc l'arbre planté, mais l'homme n'a pas encore achevé son œuvre, il ne va pas encore laisser ce jeune et frêle sujet aux soins de la seule nature; il faudra le défendre contre l'invasion des mauvaises herbes, but qu'on obtiendra par le moyen de plusieurs sarclages opérés dans le cours des deux premières années, au pied de chaque arbre et dans un rayon de 0m50 à 0m60. Ainsi l'air et l'eau arrivent plus facilement en contact avec les racines et la végétation s'en ressent avantageusement.

Au monastère des Trois-Fontaines, quoi qu'on en ait dit et qu'on en dise encore, il fait fréquemment du vent et un vent furieux : je l'ai constaté moi-même bien des fois. On ne peut donc pas dire, sans offenser la vérité ou sans un injuste parti-pris, que la culture de l'Eucalyptus soit, dans cet endroit, favorisée par l'absence complète de grands vents. Ce serait faux, absolument faux ; toutefois il est très-rare que l'on donne des tuteurs aux jeunes arbres.

D'ailleurs, au bout de très-peu de temps et dès la seconde année, la plante est déjà suffisamment vigoureuse pour ne pas trop souffrir du vent et si celui-ci reste l'ennemi de l'Eucalyptus, c'est du moins un ennemi qu'il peut combattre et dont généralement il triomphe.

Un autre ennemi de cette plante, c'est l'eau, mais, l'eau en trop grande abondance et à l'état de stagnation complète. Il y avait tout cela aux Trois-Fontaines : beaucoup d'eau, et quelle eau ! une eau croupissante et exhalant dans tout le pays des miasmes mortels ! Au moyen de canaux souterrains ou à ciel ouvert et de pentes bien établies, on a fait courir toutes ces eaux, on leur a donné une direction et la terre s'est assainie en même temps que l'air. Voici donc encore un ennemi dont on a eu raison.

Un dernier obstacle à cette culture et le plus terrible de tous, c'est le froid. On a dit que l'Eucalyptus ne pouvait pas vivre, ou autrement dit qu'il mourait, quand la température descendait à 6 ou 8 degrés centigrades au-dessous de zéro. Il est vrai que cette plante des pays chauds craint considérablement les basses températures, et bien qu'on l'ait vue supporter jusqu'à 9 degrés au-dessous de zéro, comme je le montrerai plus loin, il ne faudrait même pas l'exposer dans un pays où la température descendrait plusieurs fois de suite à 5 ou 6 degrés au-dessous de zéro (1).

Mais voyons si c'est là le cas de l'Agro Romano et si la température s'oppose à la culture de l'Eucalyptus dans cette région désolée.

L'observatoire du Collège Romain donne le chiffre de 0° cent. 89 comme moyenne de la température hivernale pendant une période de quatre-vingts années, de 1782 à 1861.

Voici maintenant les températures minima observées pendant une période de douze années, de 1863 à 1874.

---

(1) En 1870, l'hiver a été très rigoureux, et cependant presque tous les plants au-dessus de 2 ans ont résisté au froid, qui a été très intense. Le thermomètre est resté longtemps à 9° au-dessous de zéro.

Années	Minima	Dates	Observations
1863	— 4° 64 centigr.	19 Janvier	
1864	— 4° 44 »	1er Janvier	
1865	— 3° 72 »	10 Décembre	
1866	— 4° 51 »	28 Février	
1867	— 6° 06 »	27 Février	
1868	— 3° 79 »	17 Février	
1869	— 4° 82 »	18 Février	
1870	— 6° 70 »	6 Février	
1871	— 5° 55 »	19 Janvier	
1872	— 3° 71 »	2 Décembre	
1873	— 4° 31 »	11 Janvier	
1874	— 4° 91 »	1er Février	

C'est donc, pour ces douze années, une moyenne de — 4° 77 et pas une seule fois la température n'est descendue plus bas que — 6° 70. Il est de plus à remarquer que les minima rapportés plus haut ne se sont produits qu'une seule fois.

En 1875, la température est descendue à — 9° centigrades aux Trois-Fontaines. Heureusement, ce froid inaccoutumé et extraordinaire pour la région ne s'est fait sentir qu'une seule fois, car dans ce seul jour presque la moitié d'une plantation de l'année a péri. Il est évident que l'Eucalyptus ne peut pas supporter une pareille température. Mais c'est là un phénomène qui s'est produit une seule fois dans une période de cent ans et par conséquent ne doit pas être un prétexte pour entraver cette bienfaisante culture.

Il faut bien dire, enfin, comment, malgré le

vent et malgré le froid, les Eucalyptus ont végété et quelle a été leur merveilleuse croissance. Des chiffres parleront mieux que tous les plus beaux discours et ils auront l'avantage d'exprimer une vérité indiscutable.

Toutes les mesurations qui suivent ont été faites le 8 avril 1879.

Dans une plantation d'Eucalyptus Globulus faite en 1875 j'ai constaté les résultats suivants pris au hasard sur un certain nombre de pieds :

Circonférence prise à 1m 50 du sol.

0 m 30	0 m 30	0 m 49	0 m 15
0 m 20	0 m 30	0 m 28	0 m 21
0 m 31	0 m 30	0 m 23	0 m 14
0 m 28	0 m 30	0 m 22	0 m 27
0 m 26	0 m 20	0 m 28	0 m 20

Tous ces chiffres donnent une moyenne de 0m 27.

Hauteurs.

8 m 50	6 m 00	7 m 00	6 m 00
7 m 00	7 m 00	10 m 00	11 m 00
8 m 00	11 m 00	7 m 00	

Chiffres dont la moyenne est de 8 mètres.

E. Globulus, plantés en 1872.

	Circonférence.	Hauteur.
	0 m 76	13 m 50
	0 m 67	11 m 50
	0 m 62	11 m 50
	0 m 86	15 m 00
	0 m 87	16 m 00
Moy.	0 m 75	Moy. 13 m 50

E. Globulus, plantés en 1874.

Circonférence.	Hauteur.
0 m 78	15 mètres.

E. Globulus, plantés en 1870.

Circonférence.	Hauteur.
0 m 90	15 m 50

NOTE. — Depuis la première édition de cet opuscule les arbres plantés en 1870, 1871 et 1872 ont eu à la fin de 1881, 1 mètre 15 centimètres de circonférence, et les données suivantes datent du mois d'Avril 1879 ; les proportions ont augmenté depuis cette époque.

Voici d'autres chiffres qui ont été pris avec beaucoup de soin à différentes époques et dans différentes conditions :

Espèces	Année de la plantation	Hauteur en 1877	Circonférence près de terre.	à 1 mètre	à 2 mètres
Globulus	1870	16 mètres	0,m 95	0,m 81	0,m 75
»	d.	16 »	0, 69	0, 62	0, 56
»	d.	15 »	0, 79	0, 70	0, 61
»	d.	16 »	0, 72	0, 60	0, 55
»	d.	17 »	0, 90	0, 67	0, 62
»	1871	16 »	0, 76	0, 61	0, 55
»	1872	14, 50	0, 92	0, 75	0, 67
»	d.	14 »	0, 90	0, 76	0, 66
»	d.	16 »	0, 68	0. 58	0, 50
»	1873	15 »	0, 71	0, 50	0, 45
»	1872	15, 50	0, 85	0, 60	0, 49
»	1871	16 »	0, 86	0, 66	0, 60
»	1872	16 »	0, 90	0, 73	0, 70
»	1874	12, 50	0, 45	0, 42	0, 37
Viminalis	d.	10 »	0, 45	0, 30	0, 27
Globulus	d.	9 »	0, 35	0, 28	0, 24
»	d.	8 »	0, 56	0, 42	0, 36
»	d. août.	7 »	0, 47	0, 39	0, 31

Tous les plants mis en terre en 1870 avaient lors de leur plantation 0 m 15 à 0 m 20 de hauteur. Une partie était en pots et l'autre avait vécu en caisse. Un de ces plants ayant été coupé près de terre après la première année, mesurait, le 6 mars 1874, 0 m 50 de circonférence près de terre et 0 m 35 à un mètre de hauteur. Le 7 Janvier suivant, c'est-à-dire après 10 mois de végétation, il mesurait 0 m 62 près de terre et 0 m 45 à un mètre de haut et avait une hauteur d'environ 10 mètres.

Encore quelques résultats observés dans des plantations plus récentes, et j'en aurai fini avec ces chiffres.

Espèces	Année de la plantation	Hauteur en 1877	Circonférence			Observations
			près de terre	à 1 mètre	à 2 mètres	
Globulus	août 1874	9 mètres	0,m 56	0,m 42	0,m 37	Plantés à deux mètres en tous sens, dans un sol défoncé à 1 m de profondeur.
d.	»	8 »	0, 51	0, 38	0, 32	
d.	»	7 »	0, 49	0, 38	0, 33	
d.	mars 1875	6 »	0, 38	0, 265	0, 27	
d.	»	8 »	0, 50	0, 40	0, 33	
d.	»	8 »	0, 49	0, 40	0, 35	
d.	»	7 »	0, 40	0, 29	0, 23	
Résinifera	avril 1876	4, 50	0, 35	0, 18		Cette plantation a été presque abandonnée à elle-même.
d.	»	4 »	0, 28	0, 15		
d.	»	4, 50	0, 325	0, 22		

Trouve-t-on dans nos forêts une essence présentant le spectacle d'une végétation aussi merveilleuse? Quel autre arbre pourra, sous nos climats, atteindre au bout de huit années une circonférence de 0 m 90 et une hauteur de 16 mètres?

Propriétés physiques des feuilles et du bois.

Certaines variétés d'Eucalyptus puisent dans le sol des quantités d'eau vraiment surprenantes. Ainsi, chez le Globulus, un mètre carré de surface foliacée peut jeter dans l'atmosphère, en douze heures de jour, au moins 2 kg. 400 d'eau. Je dis *au moins*, car, le jour où j'ai fait cette expérience et les suivantes, la transpiration n'était pas très-active à cause de la faible intensité de la lumière.

L'E. Résinifera a évaporé 3 kilog. d'eau en 12 heures par mètre carré de surface foliacée.

L'E. Rostrata de l'Ile de la Réunion a évaporé 1 kg. 450 pendant le même temps et sur la même surface foliacée.

Or, une feuille d'E. Globulus ayant 90 centimètres carrés de surface (les deux faces étant comprises, bien entendu) et pesant 0 kg. 0115, un mètre carré de surface foliacée pèse 1 kg. 276.

Et en effet :

$$1^{m2} = 0 \text{ kg. } 0115 \times \frac{10,000}{90} = 1 \text{ kg. } 276$$

Par conséquent, dans les exemples précédents, le poids d'eau évaporée a été du double au triple environ du poids des feuilles. L'évaporation à l'air libre et sous l'influence du vent étant encore plus considérable, on peut bien dire, sans crainte d'exagération, que la plante évapore en eau au moins quatre ou cinq fois son poids de feuilles.

La *Respiration* doit être également d'une très-grande activité si l'on en juge par le nombre d'organes respiratoires dont sont munies les feuilles surtout. Ainsi, j'ai pu compter sur un millimètre carré de la surface intérieure d'une jeune feuille d'E. Globulus jusqu'à 350 stomates. Est-il étonnant qu'avec de pareils organes, ces plantes puissent produire le résultat dont on parle, la purification de l'air ?

On retire de l'Eucalyptus plusieurs produits. Outre les essences particulières que donnent les feuilles, on tire encore de cet arbre une gomme-résine qu'on nomme dans le commerce *Gomme de Chine*. Ce produit, qui devient rouge en se solidifiant, s'obtient par le moyen d'incisions pratiquées dans l'écorce. D'après Waite, un seule arbre peut donner environ 60 litres de cette gomme.

On a vu plus haut, avec quelle rapidité se fait et la végétation et la croissance de ce précieux végétal. On pourrait donc croire, par suite de ce fait, que les tissus ligneux de la plante sont gorgés d'eau de végétation et que le bois est mou. Il n'en est cependant pas ainsi, bien loin de là.

Ainsi, un échantillon complètement sec de bois d'E. Globulus, pris dans toute la longueur du diamètre de la tige, m'a donné, comme résultat du poids spécifique, le chiffre de 0,836. Cet échantillon appartenait à un arbre âgé de huit ans.

Or, le chêne le plus lourd, le quercus ilex, pèse 1,083 ; le *quercus cerris*, qui est le plus léger des chênes, ne pèse que 0,753 et la moyenne du poids spécifique des différentes variétés de chênes en Italie est de 0,852. Par conséquent, le bois de l'Eucalyptus serait presque aussi lourd que la plupart des bois des chênes.

Du reste, ce bois d'Eucalyptus est reconnu assez dur et assez solide puisqu'on l'emploie déjà dans les constructions navales.

Je ne dis rien des propriétés plus ou moins merveilleuses qu'on accorde à cet arbre, c'est aux chimistes et aux médecins qu'il appartient d'en parler.

Ce que je voudrais surtout bien faire ressortir, c'est que l'Eucalyptus est un arbre particulièrement propre à assainir l'air en raison de sa rapide végétation et de son active respiration. Mais, j'ajouterai que cet attribut n'appartient pas seulement à l'Eucalyptus et que tous les végétaux à feuilles caduques surtout possèdent aussi à un très-haut degré le pouvoir de purifier l'air sous l'influence de la lumière. On le comprend du reste très-bien aux Trois-Fontaines et c'est pourquoi les Trappistes cultivent encore d'autres végétaux en dehors de l'Eucalyptus, la vigne, par exemple. Ceci me donne occasion de dire quelques mots de leur vignoble. Sur 32 hectares dont se compose la terre du monastère, il y en a 10 1/2 plantés en vignes : 6 1/2 sont déjà en plein rapport, les quatre autres sont plantés depuis un, deux et trois ans seulement.

Sur ces terrains d'origine volcanique, et dont la profondeur a été considérablement augmentée par suite des travaux de défoncement dont j'ai parlé, la vigne réussit à merveille.

On cultive plusieurs variétés de vignes qui toutes donnent un vin excellent et qui serait parfait, s'il était un peu plus riche en alcool ; car sa faiblesse sur ce point est un obstacle à sa bonne conservation.

Voici les plants que les Trappistes cultivent :

Le Grenache, auquel on donne de préférence l'exposition Sud et Sud-Ouest. Il produit 60 hectolitres à l'hectare.

Le Carignan, dont la végétation au printemps arrive un peu plus tardivement. Il préfère les terrains sains ; sa production est aussi de 60 hectolitres à l'hectare.

L'Espar a encore une végétation plus tardive : cependant il mûrit son fruit avant tous les autres. Il se plait dans les terrains maigres.

La Clairette est aussi cultivée sans toutefois se plaire beaucoup aux Trois-Fontaines. Il produit peu, mais son vin est très-fin.

L'Aleatico réussit très-bien, il aime les terrains très-fertiles et l'exposition du midi. Il produit jusqu'à un litre par cep.

Le Trebbiano est cultivé également, mais il ne se prête pas à la taille courte qui est en usage au monastère.

Laissant de côté la question de bénéfice pour n'envisager que celle d'amélioration du sol et de l'air, n'est-il pas évident que tout aussi bien que l'Eucalyptus, l'énorme production foliacée de la vigne, est capable d'absorber les miasmes mortels de l'Agro Romano? Et, heureuse coïncidence! c'est précisément au moment où la *mal'aria* commence à se faire sentir que la vigne commence à couvrir la terre de son épais feuillage!

CONCLUSIONS.

En présence de ces faits, il est vraiment permis de former le souhait que d'autres tentatives d'amélioration soient faites dans l'Agro Romano. Certes, en faisant ces améliorations, je crois que les propriétaires de ce pays désolé ne nuiraient nullement à leurs intérêts et que de plus, ils feraient une œuvre éminemment humaine.

Je sais bien ce qu'on peut me répondre.

Tel qu'il est, l'Agro Romano rapporte à ses propriétaires 5 et 6 °/₀ en donnant à leurs troupeaux un abondant pâturage. Iront-ils donc sacrifier ce revenu élevé et assuré pour une entreprise qui leur demanderait des capitaux énormes, les forcerait à exposer à la *mal'aria* un grand nombre de travailleurs, et dont le résultat ne leur semble pas certain? Ceux qui parlent ainsi auraient presque raison si on leur conseillait la transformation générale et immédiate de l'Agro Romano. Mais ce travail d'amélioration ne se peut-il faire par petites parties, sans priver, par conséquent, le propriétaire des capitaux dont il a besoin pour vivre? Quant aux résultats pécuniaires, il est parfaitement certain que dans les endroits où l'on pourrait cultiver la vigne, le revenu s'élèverait rapidement à plus de 6 %.

Ailleurs, où on planterait soit l'Eucalyptus, soit tout autre essence forestière, le revenu, tout en ne se traduisant pas immédiatement en argent, n'en serait pas moins assuré. En tout cas, une chose non douteuse, c'est que la propriété augmenterait de valeur chaque année selon le plus ou le moins de travaux accomplis.

Du reste, s'il est besoin d'un exemple partant de haut, cet exemple sera donné dans un temps très-rapproché par le gouvernement italien lui-même. En effet, celui-ci doit prochainement concéder aux Trappistes des Trois-Fontaines, à titre de bail amphytéotique, environ 500 hectares de terrains nationaux dans l'Agro Romano, avec cette condition principale qu'ils seront cultivés d'une façon quelconque.

Est-il besoin d'ajouter que si les propriétaires

ont leurs intérêts privés à sauvegarder, le gouvernement a entre les mains les intérêts publics et qu'il ne saurait les engager sans avoir, par un examen approfondi, acquis la certitude d'un avenir assuré?

Nous le répétons, c'est là un exemple très-digne d'être suivi dans les hautes comme dans les modestes sphères.

APPENDICE.

La concession du terrain dont il est question à la page 29, a été faite par le gouvernement italien, à la société agricole des Trois-Fontaines au mois d'Octobre 1879, à la condition de planter au moins 125,000 Eucalyptus sur une superficie de 250 hectares, dans l'espace de dix ans; le reste du terrain doit être aussi cultivé, mais le genre de culture est facultatif; on y sème des céréales, on y plante des vignes, etc.....

Les Trappistes, depuis l'époque de leur contrat, ont planté à peu près 50,000 Eucalyptus, et ils se disposent à en planter de 25,000 à 30,000 dans le cours de l'année 1882. Les espèces dominantes sont le *Globulus*, le Red gum, Résinifera.

La fabrication d'élixir d'Eucalyptus a pris beaucoup d'extension. Les Trappistes reçoivent de divers pays, beaucoup de lettres qui constatent que cette liqueur obtient d'heureux résultats dans plusieurs maladies, et surtout comme préservatif des fièvres.

L'écorce de cet arbre s'emploie encore avec succès pour le tannage des peaux, on en a fait l'expérience aux Trois-Fontaines. Cette écorce est facile à recueillir, car elle tombe d'elle-même des arbres chaque année.

Les différents travaux de la Société agricole sont exécutés avec le concours d'environ 200 condamnés, sous la direction des Trappistes.

Voir à ce sujet, l'opuscule de M. Martin Bertrani Scalia, directeur général des prisons d'Italie, et la relation de M. Meaume, ci-jointe.

Landerneau. — Imprimerie de DESMOULINS.

www.ingramcontent.com/pod-product-compliance
Ingram Content Group UK Ltd.
Pitfield, Milton Keynes, MK11 3LW, UK
UKHW012126240726
13965UKWH00005B/2007